Lieferung 23 Preis 1 Mark

Gesamtpreis des Werkes gebunden 25 Mark

DIE ZEICHENKUNST

METHODISCHE DARSTELLUNG DES GESAMTEN ZEICHENWESENS

UNTER MITWIRKUNG
VON
A. ANDĚL, LUDWIG HANS FISCHER, M. FÜRST, O. HUPP, A. KULL, KONRAD LANGE, A. MICHOLITSCH, ADOLF MÖLLER, PAUL NAUMANN, F. REISS, A. v. SAINT-GEORGE, KARL STATSMANN, R. TRUNK, J. VONDERLINN UND HERMANN WIRTH

HERAUSGEGEBEN
VON

KARL KIMMICH

ZWEITE
VERBESSERTE UND VERMEHRTE AUFLAGE

MIT 1157 ABBILDUNGEN IM TEXT
UND 60 TAFELN IN FARBEN- UND LICHTDRUCK

23 LIEFERUNGEN à 1 MARK UND 2 EINBANDDECKEN à 1 MARK
KOMPLETT IN 2 ORIGINALLEINENBÄNDEN 25 MARK

LEIPZIG
G. J. GÖSCHEN'SCHE VERLAGSHANDLUNG

Einzelne Lieferungen werden nicht abgegeben
Die Abnahme von Lieferung 1 verpflichtet zum Bezug des ganzen Werkes

nachträglich mit dem Original vergleichen. Auch die Farbe soll dabei nicht unberücksichtigt bleiben.

Die Gedächtniszeichnungen müssen immer dem Kreise jener Übungen entnommen sein, welche von den Schülern gerade ausgeführt werden, also zuerst einfache geometrische Muster zum Gegenstand haben. Hernach werden einfache Blütenformen und Teile von naturalistischen Pflanzenornamenten als Vorbilder gewählt (Fig. 1138). Sobald die Schüler einen perspektivischen Zeichenunterricht durchgemacht haben, wird man vor ihnen ein einfaches Modell aufstellen, dasselbe nach eingehender Besprechung wieder wegnehmen, und dann von den Schülern aus dem Gedächtnis zeichnen lassen (Fig. 1139). Haben alle Schüler die Aufgabe gelöst, dann wird das Modell wieder aufgestellt, damit die Schüler etwaige Fehler verbessern können. Späterhin läßt man sie einfache Gefäße und Teile von plastischen Ornamenten oder lebenden Blüten aus dem Gedächtnis wiedergeben (Fig. 1140); dabei genügt eine Skizzierung. Sie sollen nur den Beweis liefern, daß die Formen in ihrem Gedächtnisse haften geblieben sind. Gedächtnisschwache Schüler wird man nicht zu sehr anstrengen. Von schwierigeren ornamentalen Kompositionen (Fig. 1141) läßt man die Schüler zuerst nur den Linienzug der Stengel aus dem Gedächtnis nachzeichnen (Fig. 1142). Haben sie diese Skizze mit dem Original verglichen und die etwaigen Mängel verbessert, dann sollen sie das Original nochmals genau ansehen, und dann die Disposition der einzelnen Blüten und Blätter aus dem Gedächtnis angeben (Fig. 1143). Auf diese Weise verleiben die Schüler ihrem Gedächtnis nicht nur einen ganz bedeutenden ornamentalen Formenschatz ein, sondern bekommen auch ein Verständnis von dem Bau der Pflanzenornamente und lernen das Wesen einer ornamentalen Komposition kennen. Diese Art, die Ornamente zu studieren, hat den großen Vorteil, daß man die Schüler von größeren ornamentalen Kompositionen nur ein charakteristisches Detail zeichnen lassen kann, während sie den Aufbau des ganzen Ornaments in der oben angegebenen Art skizzieren, während den Schülern die peinliche Ausführung eines größeren Ornaments mit den vielen gleichartigen Einzelformen nur langweilig würde. Lasse sich jedoch hier kein Lehrer verleiten, die Schüler Ornamente komponieren zu lassen! Dazu braucht es ein ganz ausgesprochenes Talent!

Sobald die Schüler in ihrem Studium bis zum Zeichnen des menschlichen Kopfes vorgeschritten sind, wird man das Gedächtniszeichnen auch hier anwenden. Einleiten wird man das Gedächtniszeichnen nach Köpfen damit, daß man den Schülern die Aufgabe stellt, jeden Kopf, welchen sie in der Schule gezeichnet haben, in seinen charakteristischen

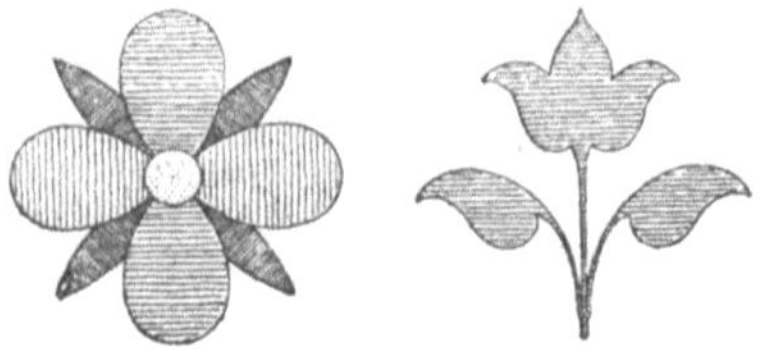

Fig. 1138.

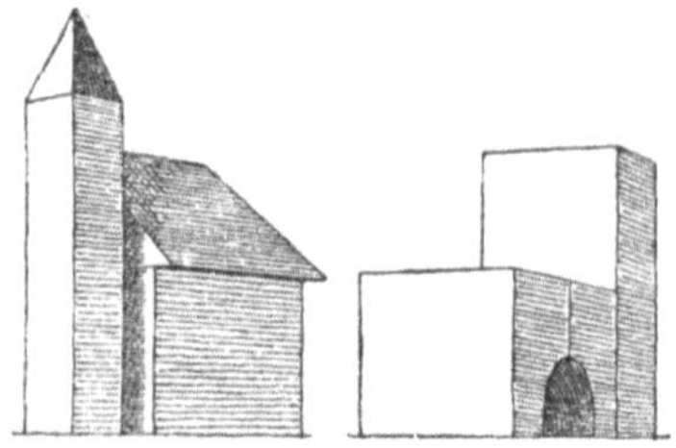

Fig. 1139.

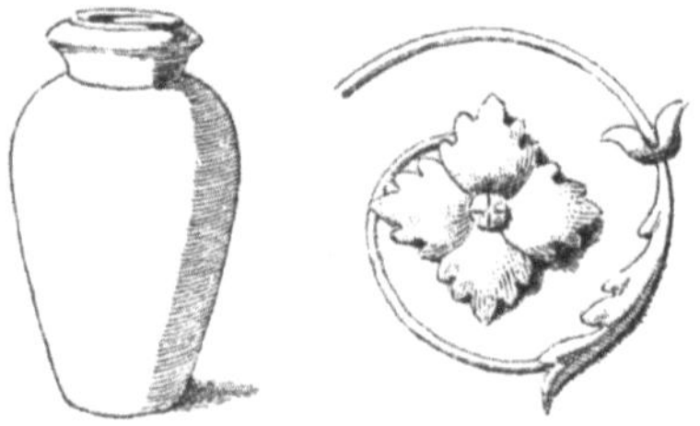

Fig. 1140.

Fig. 1141.

Fig. 1142.

Fig. 1143.

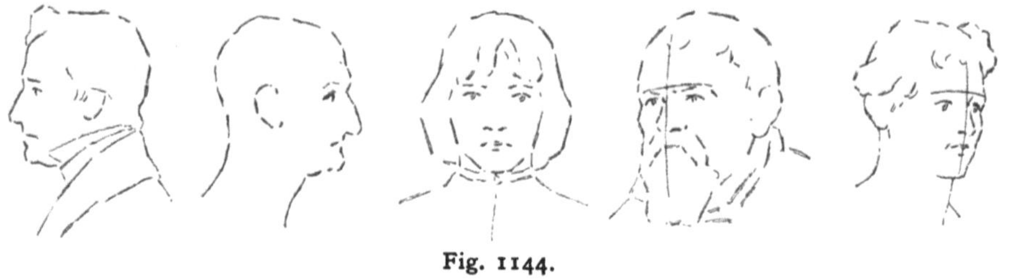

Fig. 1144.

Merkmalen in einer Skizze aus dem Gedächtnis wiederzugeben. Auf diese Merkmale sind sie vorher während des Arbeitens jedenfalls öfters aufmerksam gemacht worden. Nach diesen Übungen stellt man dem Schüler das Modell eines Kopfes so auf, daß derselbe eine reine Profilansicht desselben vor sich hat. Man bespricht nun die Grundform des

Kopfes, hebt charakteristische Eigentümlichkeiten desselben hervor und macht auf das Verhältnis des Gehirnschädels zum Gesichtsschädel aufmerksam, wobei man die Frisur nicht unberücksichtigt lassen darf. Nach erfolgter Besprechung verdeckt man das Modell und läßt nun von dem Schüler diese Grundform aus dem Gedächtnis zeichnen. Diese Übungen werden nicht nur an Profilstellungen, sondern auch an Vorderansichten und endlich auch an Dreiviertelansichten verschiedener Charakterköpfe vorgenommen. Die Lage der Augen und Ohren, die Länge der Nase und die Mundspalte werden dabei mit wenigen Strichen fixiert (Figur 1144).

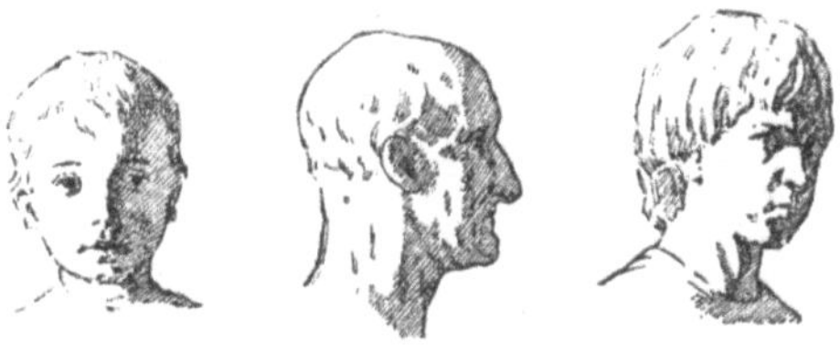

Fig. 1145.

Hat der talentierte Schüler, ein anderer kommt hier nicht mehr in Betracht, diese Studien durchgemacht, so wiederholt man die verschiedenen Stellungen der Köpfe, bespricht aber jetzt nicht nur die Grundform derselben, sondern schenkt auch den Gesichtsteilen eine eingehendere Aufmerksamkeit. Man bespricht das Verhältnis derselben, hebt ihre charakteristischen Züge hervor und läßt dann den Kopf aus dem Gedächtnis zeichnen. Dabei wird man sich mit einer Skizze begnügen, welche das Wesentlichste enthält (Fig. 1145).

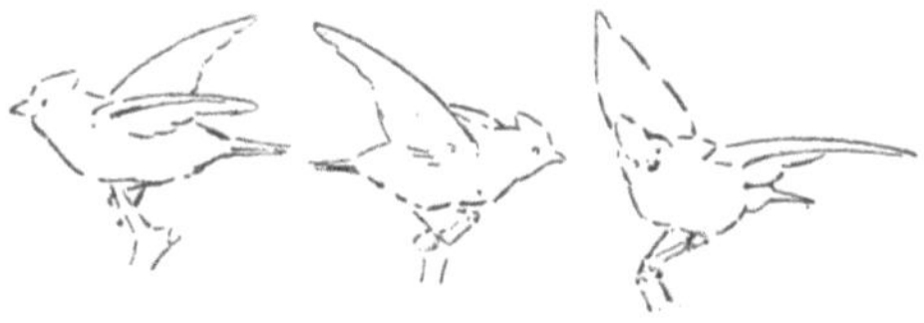

Fig. 1146.

Anfangs werden diese Übungen mangelhaft ausfallen, und der Schüler wird zum Beschlusse an jeder derselben noch manches nach dem Modell richtigstellen müssen; aber nach wiederholten Übungen wird sein Gedächtnis in dieser Richtung immer schärfer werden. Jetzt nimmt man die ganze Serie von Stellungen an verschiedenen Köpfen nochmals durch; diesmal ohne Besprechung. Der Schüler fixiert das Modell mit scharfem Blicke, schließt schnell die Augen, läßt den empfangenen Eindruck nachwirken, und nun zeichnet er das Modell, so gut er es vermag, aus dem Gedächtnis nach. Es prägen sich bei diesem Vorgange die charakteristischen Merkmale eines Modells viel besser ein, als wenn man dieselben länger betrachten würde, weil bei einer längeren Betrachtung die Aufmerksamkeit sehr leicht durch Nebensächliches vom

Wichtigen abgelenkt wird. Diese Übungen sind auch eine Vorübung für das Momentskizzieren nach dem Leben.

Diejenigen, die so weit sind, daß sie ihre Studien fast ausschließlich nach der Natur machen, werden auch ihre Übungsstücke für das Gedächtniszeichnen, welches mit der Zeit ein Momentskizzieren wird, der lebenden Natur entnehmen. Einleiten können sie diese Übungen in nachfolgender Weise. Sie stellen sich einen gut ausgestopften Vogel, welcher eine lebenswahre Stellung hat, als Modell auf. Nun fixieren sie ihn mit einem kurzen, scharfen Blick und zeichnen ihn dann mit einigen charakteristischen Strichen in ihr Skizzenbuch (Fig. 1146). Diese Übungen werden nach verschiedenen Modellen in allen Stellungen so lange fortgesetzt, bis der Lernende eine große Fertigkeit im Momentskizzieren besitzt, was bei Talentierten nicht gar lange währt. Hernach stellt er diese Übungen an lebenden Modellen an. Er zeichnet fliegende Vögel, laufende Pferde und andere Tiere, skizziert spielende Katzen, raufende Hunde usw. Das beim Zeichnen solcher vorübergehender Stellungen zu befolgende Verfahren ist immer dasselbe. Der Studierende wird durch das Momentskizzieren nicht nur sein Formengedächtnis ungemein ausbilden, sondern sich auch an eine scharfe Beobachtung der Natur und der in ihr sich abspielenden Vorgänge gewöhnen (Tafel LVII). Eingehende Naturstudien müssen selbstverständlich nebenher fortwährend gemacht werden, denn niemand kann eine ordentliche Momentskizze von irgend einem lebenden Wesen anfertigen, der nicht die einzelnen

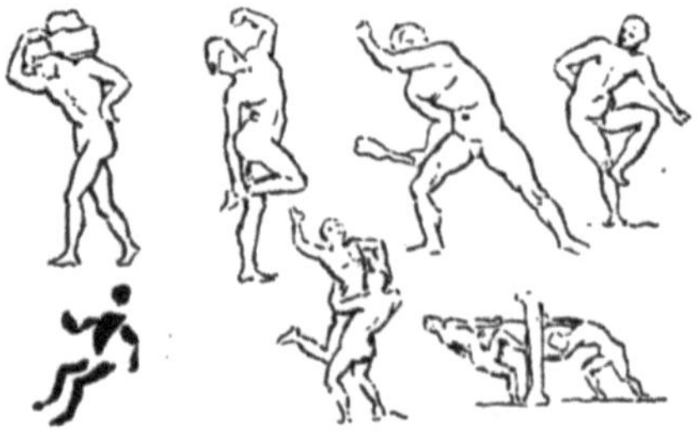

Fig. 1147.
Momentskizzen von Leonardo da Vinci.

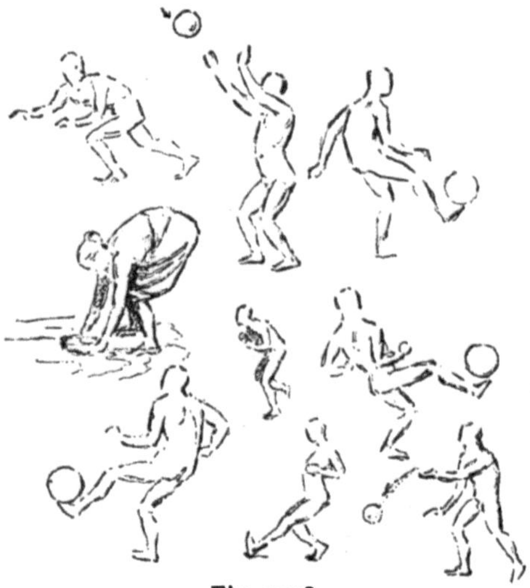

Fig. 1148.

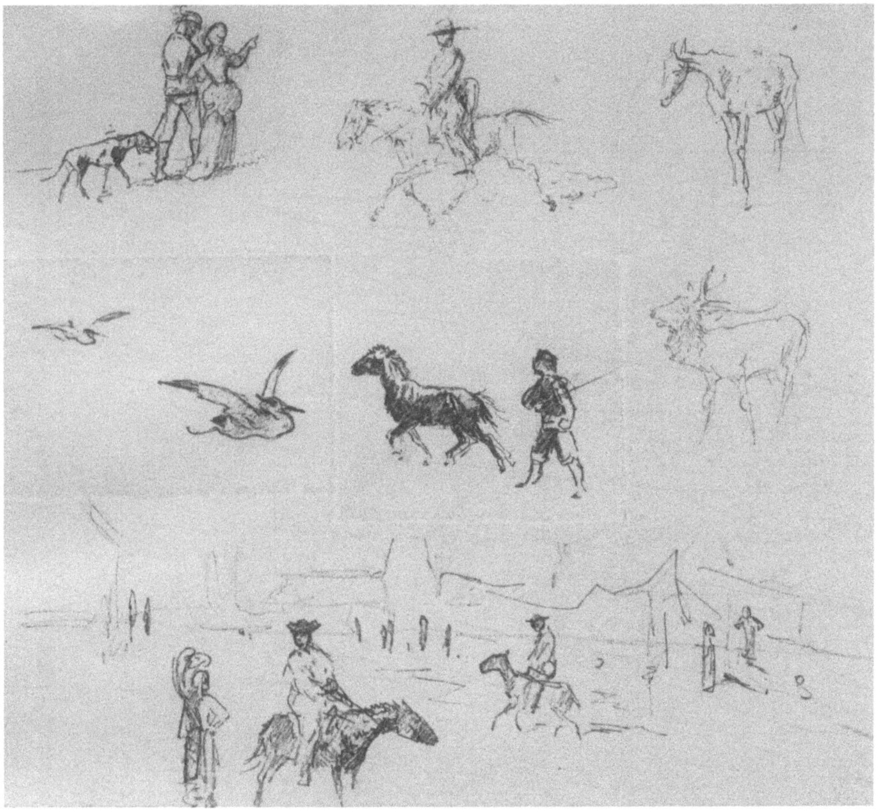

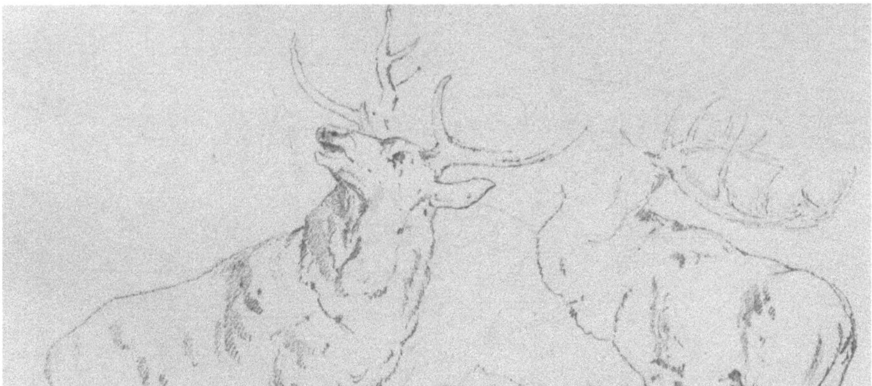

A. Rosa und K. Kimmich: Skizzen nach der Natur.

Formen desselben genau kennt. Also studiere man erst genau die menschliche Gestalt nach Statuen und Naturabgüssen wie nach dem lebenden Modell, bevor man daran denkt, den oben angeführten Rat des Leonardo da Vinci zu befolgen. Man beginne damit, Köpfe, auch ganze Gestalten zu skizzieren, was in Gasthäusern, bei Aufzügen und bei vielen anderen Anlässen unbemerkt geschehen kann. Zunächst wird man seine Aufmerksamkeit ruhig sitzenden oder stehenden Personen zuwenden, wobei man bald finden wird, daß die Menschen oft ungemein malerische Stellungen annehmen und sich oft zu Gruppen zusammenstellen, die allen Regeln der Kunst entsprechen und die man gar nicht besser erfinden könnte. Hat sich der Kunstjünger an Personen in ruhigen Stellungen fleißig geübt, so kann er nun seine Studien an Figuren fortsetzen, welche sich in mäßiger Bewegung befinden, etwas tragen, heben oder schieben (Fig. 1147). Hat er gelernt, solche Akte gut wiederzugeben, so skizziert er Menschen, die in heftigen und schnellen Bewegungen begriffen sind. Die Stellungen solcher Figuren müssen mit einem einzigen blitzgeschwinden Blick erfaßt und mit wenigen charakteristischen Strichen wiedergegeben werden. Die verschiedenen Wendungen und Drehungen des menschlichen Körpers kann man viel besser zum Ausdruck bringen, wenn man denselben ohne Bekleidung zeichnet. Auf Darstellung der einzelnen Formen kommt es dabei nicht an; was festzuhalten ist, sind einzig die charakteristischen Stellungen der Figuren (Fig. 1148).

Ein Maler, der auf diese Weise sein Skizzenbuch bereichert, wird beim Entwerfen eines Bildes seine Figuren nicht nur ausdrucks- und lebensvoll zeichnen, sondern er wird sie auch schön und ungezwungen gruppieren, und zwar so, daß sie nicht nur natürlich und für den gegebenen Fall zweckentsprechend, sondern auch schön und kunstgerecht sind.

XIX

Vom Gebrauch der Farbe in den Schulen

Von

Anton Anděl

Der moderne Zeichenunterricht hat unter anderem auch die Aufgabe, bei der Jugend den Sinn für Farben zu wecken und das Erkennen der Farben an den Gegenständen des täglichen Lebens und der Natur überhaupt zu vermitteln.

Zugleich hat der moderne Zeichenunterricht die Aufgabe, die Jugend anzuleiten, daß sie die Farben ihres Malkastens zum Ausdruck farbiger Erscheinungen zu verwenden im Stande sei.

Die Anleitung im Gebrauch der Farben beim Schulzeichenunterricht wird demnach unmittelbar von dem Farbenkasten[1]) ausgehen müssen, mit Ausschluß rein theoretischer Erläuterungen über Strahlenbrechung u. dgl.

Wer malen will, muß zunächst eine gründliche Kenntnis der einzelnen Farben erlangen, insbesondere jede Farbe von den anderen genau unterscheiden lernen, endlich mit ihrem farbigen Charakter und ihren sonstigen Eigenschaften sich vertraut machen. Jede einzelne Aquarellfarbe hat ihren spezifischen farbigen Charakter, ihre Sättigung und Helligkeit.

Der Zeichenlehrer wird daher zuerst den Farbenkasten besprechen, woraus folgt, daß sämtliche Schüler einer Klasse dieselben Farbenkasten besitzen müssen, gleichwie sie ein und dasselbe Lesebuch haben müssen.

Zu diesem Zwecke bringen die Schüler schon zu den ersten Erläuterungen über Farben ihre Malkasten mit; der Lehrer befestigt an der Schultafel eine auf weißem Papiere angefertigte Darstellung der zwölf Farbencharaktere, um diese genau zu erklären (s. Fig. 1149).

1	2	3	4	5	6
7	8	9	10	11	12

Fig. 1149.

[1]) In dieser Abhandlung wurde den Erläuterungen der vom Verfasser zusammengestellte und von Günther Wagner (Hannover und Wien) erzeugte Farbenkasten zugrunde gelegt. Er kostet mit 12 Farben 1,70 M., bei erster Qualität der vier Farben Karmin, Kobalt, Zinnober und Kadmium 2,30 M.

Die zwölf Farbencharaktere sind:

1. Weiß. 2. Indischgelb (oder Gummigutte). 3. Kadmium. 4. Siena (gebr.). 5. Kobaltblau. 6. Karmin. 7. Lampenschwarz. 8. Hellgrüner Zinnober. 9. Zinnoberrot. 10. Sepia. 11. Preußischblau. 12. Neutraltinte.

Diese zwölf Charaktere gehören vier Farbensphären an: der gelben, der roten, der blauen und der grünen Sphäre.

Zur gelben gehören Nr. 2, Nr. 3, Nr. 4 und Nr. 10 (die beiden letzteren braunen sind als verdunkelte gelbe Farben zu betrachten).

Zur roten gehören: Nr. 6 und Nr. 9.

Zur blauen Sphäre gehören Nr. 5, Nr. 11 und Nr. 12.

Zur grünen gehört Nr. 8.

Weiß und Schwarz (Nr. 1 und Nr. 7) sind eigentlich keine Farben, sondern die beiden Pole des Lichtes und der Dunkelheit. Soll das „Weiß" besonders gut decken, so verwende man englisches Chinesischweiß in Tuben.

Die einzelnen Farbencharaktere werden der Reihe nach besprochen und die derselben Farbensphäre angehörenden miteinander verglichen, wie z. B. Indischgelb mit Kadmium, Zinnoberrot mit Karmin, Kobalt mit Preußischblau.

Mit diesen zwölf Farbencharakteren reicht man beim Malen im Schulunterrichte vollkommen aus.

Andere Farbencharaktere, die beim Malen vorkommen, werden durch Mischung aus den vorhandenen gewonnen.

Drei Farben sind es, welche sich durch keinerlei Mischung aus anderen erzielen lassen: Indischgelb (Nr. 2), Karmin (Nr. 6), Preußischblau (Nr. 11), aus welchen sich aber alle anderen Farbencharaktere mischen lassen, weshalb sie Grundfarben oder primäre Farben heißen.

Nun verhält der Lehrer die Schüler dazu, auf einem starken weißen Zeichenblättchen, das in den Farbenkasten eingelegt werden kann, die zwölf Farbencharaktere in rechteckige Felder anzustreichen und darunter auch die Namen der Charaktere zu schreiben.

Dabei ist die Reihenfolge nicht willkürlich, sondern so anzuordnen, wie es die Figur 1149 zeigt. Die Farben selbst sind mit „Syndetikon" auf dem entsprechenden Platz zu befestigen. Es leuchtet wohl ein, daß alle diese Maßregeln eine sichere und schnelle Orientierung im Malkasten bezwecken.

Der Farbenkasten von Günther Wagner ist mit einem Deckel und dieser mit drei größeren Vertiefungen zum Anreiben und Mischen der Farben versehen.

Die vertiefte Rinne vor den Farben kann zur Aufnahme jener Farben benutzt werden, welche bei besonderen Darstellungen nötig sind, wie z. B. Goldbronzefarbe und Chinesischweiß.

Pinsel in den Farbenkasten einzulegen und dort aufzubewahren ist ganz unzweckmäßig, weil die Haare und Spitzen immer leiden.

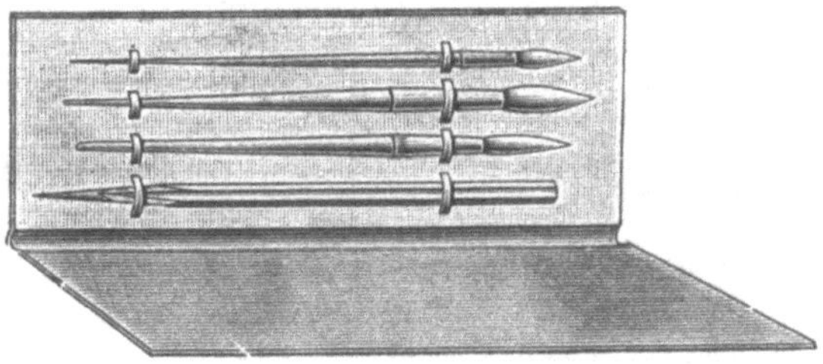
Fig. 1150.

Zur Aufbewahrung der Pinsel gehört ein einfaches Etui mit Gummischnürchen, durch welche die Pinsel gesteckt und so am besten verwahrt werden (s. Fig. 1150).

Zum Malen braucht der Schüler nur etwa zwei Pinsel: einen größeren Fischpinsel, z. B. Günther Wagner S. 26/8 à 55 h und einen kleineren Marderpinsel S. 53/5 à 1 K 25 h oder im Notfalle Fischpinsel S. 26/5 à 28 h.

Ohne gute Pinsel ist auch im Schulunterricht nichts Rechtes zu erzielen.

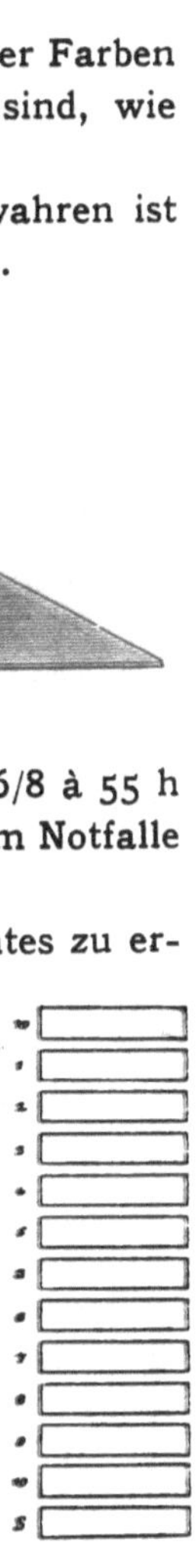
Fig. 1151.

Nachdem die Schüler die einzelnen Farbencharaktere kennen gelernt und diese auch auf dem Papierstreifen dargestellt haben, schreitet der Lehrer zur Erklärung der Tonwerte einer Farbe, vor allem der grauen Farbe vor.

Unter Tonwert verstehen wir die Abstufungen einer Farbe vom Weiß bis zum Schwarz (s. Fig. 1151). Um die Schüler an die Beurteilung der Tonwerte zu gewöhnen, dürfte folgende Vorübung am Platze sein:

Auf dem leeren Zeichenblatte eines jeden Schülers wird ein Stückchen eines grau in grau gemusterten Stoffes aufgeklebt; die Schüler haben dann die Aufgabe, die im Stoffmuster vorkommenden Tonwerte genau abzuzählen, abzuschätzen und in kleine Rechteckfelder unter dem Stoffmuster einzutragen: Analyse der Tonwerte (s. Fig. 1152). Durch diese Vorübung sind die Schüler auf die Schätzung der Tonwerte aufmerksam gemacht worden. Sie werden später beim Malen oder Schattieren nach Modellen in grau in grau die Tonwerte gewiß besser beachten.

Wie man eine Skala der grauen Tonwerte versinnlichen kann, so ist es auch möglich, die Skala der Abstufungen einer beliebigen Farbe,

z. B. Gelb, von der hellsten Stufe bis zur dunkelsten darzustellen. Der Lehrer wird zum Verständnisse dieser wichtigen Erscheinungen sehr viel beitragen, wenn er auf weißem Zeichenpapiere eine Skala der Helligkeits- und Dunkelheitsabstufungen einer beliebigen Farbe als Wandtafel anfertigt, um an dieser das Besprochene zu demonstrieren. Er erklärt vorerst, daß man eine Farbe dann satt nennt, wenn sie ihren farbigen Charakter vollständig wiedergibt. Satt ist z. B. ein Rot, welches nicht röter gedacht werden kann.

Setzt man einer beliebigen Aquarellfarbe im Schälchen Wasser zu, so wird die Farbe verdünnt und zugleich heller, wobei sie an ihrer Sättigung etwas verliert. Die Helligkeit einer Farbe bemessen wir

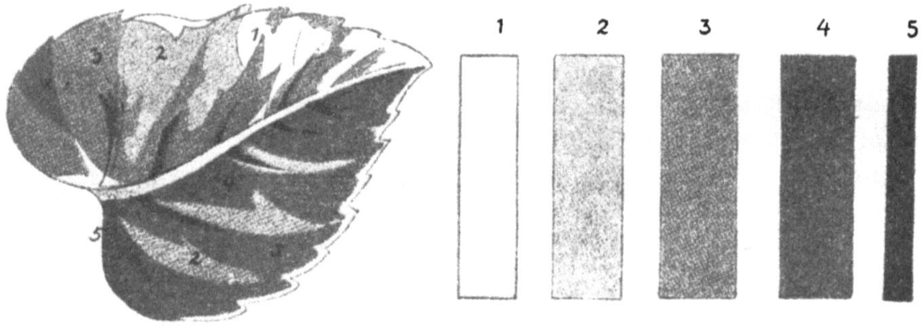

Fig. 1152.

nach dem Grade der Lichteinwirkung dieser Farbe auf unser Auge. Satte und zugleich helle Farben sind intensive Farben, wie z. B. ein sattes Kadmium, sattes Indischgelb, satter Zinnober. Die hellsten Farben sind die gelben, weniger hell die roten, noch weniger hell die grünen, zu den dunkelsten zählt man die blauen.

Denken wir uns nun, wir hätten mittels des Pinsels und einer der Schulfarben, z. B. der Sepia, einen einfachen Gegenstand, wie die Kugel, nach der Natur zu schattieren. Vom hellsten Punkte dieser Kugel bis zum tiefsten Schatten wird es vieler Abstufungen der Sepia bedürfen, um die Rundung darzustellen. Diese Abstufungen auf der Lichtseite der Kugel wird man erhalten, wenn die Sepia hinlänglich mit Wasser verdünnt, d. h. aufgehellt wird; dann kommen Abstufungen von satter Sepia, und dann von solcher, die mit Lampenschwarz verdunkelt erscheint und so fort.

Alle Abstufungen einer und derselben Farbe, von der hellsten bis zur dunkelsten, heißen „Töne“ dieser Farbe: die mit Wasser aufgehellten die „Helligkeitstöne“, die mit Lampenschwarz verdunkelten die „Schattierungen“ (Schattentöne) der Farbe. Zwischen den Helligkeits- und den Schattentönen liegt der reine satte Farbenton (siehe Fig. 1151, s).

Das Abtönen einer Farbe.

Eine auf der vorher gewonnenen Anschauung beruhende Übung ist das Abtönen einer Farbe.

Eine größere Fläche mit einem Farbentone zu kolorieren, ist unschwer, wenn man den vollen Pinsel am oberen Rande ansetzt und dann in Bewegungen von links nach rechts durch die ganze Breite der Fläche bis zum unteren Rande fortführt.

Anders jedoch wird die Sache, wenn man eine größere Fläche vom satten Ton an bis zum hellsten abtönen soll. Zu diesem Zwecke ist es im Anfang nötig, sich zwei bis drei Abstufungen der Farbe in Schalen vorzubereiten und außerdem ein Glas mit reinem Wasser bereit zu halten.

Man beginnt mit dem sattesten Tone an jener Stelle der Fläche, welche diesen Ton erhalten soll und setzt beim Anlegen allmählich den zweiten (lichteren), dann den lichtesten Ton dazu und nimmt sodann zum Verdünnen bloßes Wasser. So entsteht eine abgetönte Fläche. Der gewandtere Schüler wird später keine Zwischentöne anreiben, sondern nur mit dem satten Ton durch Zusatz von Wasser die Fläche abzutönen suchen. Dabei sei bemerkt, daß der volle Pinsel sattere Töne gibt als der trockene, was insbesondere beim Abtönen schmaler Flächen mit Vorteil verwertet werden kann. Eine höchst nützliche Übung zum Zweck der selbständigen, sicheren Bestimmung von Farben und Farbentönen ist die Analyse der Farben.

Auf dem weißen Papierblatt eines jeden Schülers wird ein Stückchen bunt bedruckten Stoffes befestigt.

Die Schüler erhalten nun die Aufgabe, auf dem Stoffmusterchen die verschiedenen einzelnen Farbencharaktere sowie deren etwa vorkommende Abschattierungen zu zählen und in rechteckige kleine Felder die betreffenden Farben und deren Töne durch Auftragen ihrer Farben und durch Mischungen genau nachzumachen. Dies ist eine Vorübung im Farbentreffen. Der Schüler lernt dabei das erstemal die Farben selbständig, d. h. ohne Hilfe des Lehrers bestimmen, mischen und auftragen (s. Tafel LVIII, Fig. a).

Dann erst können praktische Beispiele von farbiger Analyse vorgenommen werden, wie z. B. an den Flügeln der Schmetterlinge (siehe Tafel LVIII, Fig. b).

Allgemach werden die Schüler dahin geführt, auch ohne direkte Analyse der Farben das Farbentreffen beim Malen nach wirklichen Gegenständen und nach Naturalien auszuführen. Aufmerksames Betrachten und Vergleichen führt hier neben fleißigen Übungen zum sicheren Ziele. Nur durch solche systematische Übungen gelangen die Schüler zu einem selbständigen Urteil über Farbencharaktere und deren Abstufungen.

Für die Übungen in der Analyse der Tonwerte und der Farben (siehe Fig. 1152) genügt je ein Beispiel, um die Schüler darauf vorzubereiten, wie sie später am abzumalenden Gegenstande die einzelnen farbigen und Tonerscheinungen aufmerksam, also bewußt anschauen sollen, damit die Farbenmischungen unmittelbar in die Zeichnung eingetragen werden können.

Vom Mischen der Farben.

Wenn man in einem durchsichtigen Glasröhrchen die satte Lösung von Indischgelb und in einem anderen die Lösung von Preußischblau hat und nun die beiden Farben in ein Röhrchen zusammengießt, so entsteht eine Mischfarbe, und zwar ein schönes Grün. Geschieht dasselbe mit Indischgelb und Karmin, so erhält man als Mischfarbe Orange (Gelbrot); aus Preußischblau mit Rot entsteht ein Violett. Dagegen lassen sich die drei ursprünglichen Farben Gelb (Indischgelb), Rot (Karmin-) und Blau (Preußisch-) nicht aus zwei anderen Farben durch Mischung herstellen, weshalb diese Farben primäre, die aus ihnen durch Mischung erzielten sekundäre Farben genannt werden. Weil hier materielle Farben, also Pigmentstoffe, gemischt wurden, so heißen diese Mischungen materielle Mischungen der Farben im Gegensatze zu der physiologischen Mischung farbiger Lichter, welche entsteht, wenn zwei farbige Lichtsorten gleichzeitig auf unsere Netzhaut ins Auge gelangen. Wenn z. B. auf die weiche Papierfläche eines Kreisels ein sattes Blau und daneben ein sattes Indischgelb aufgetragen und der Kreisel rasch in Drehung versetzt wird, so erblickt das Auge kein Grün als Mischung, sondern ein Hellgrau. Warum? Weil in diesem Fall die farbigen

Tafel LVIII.

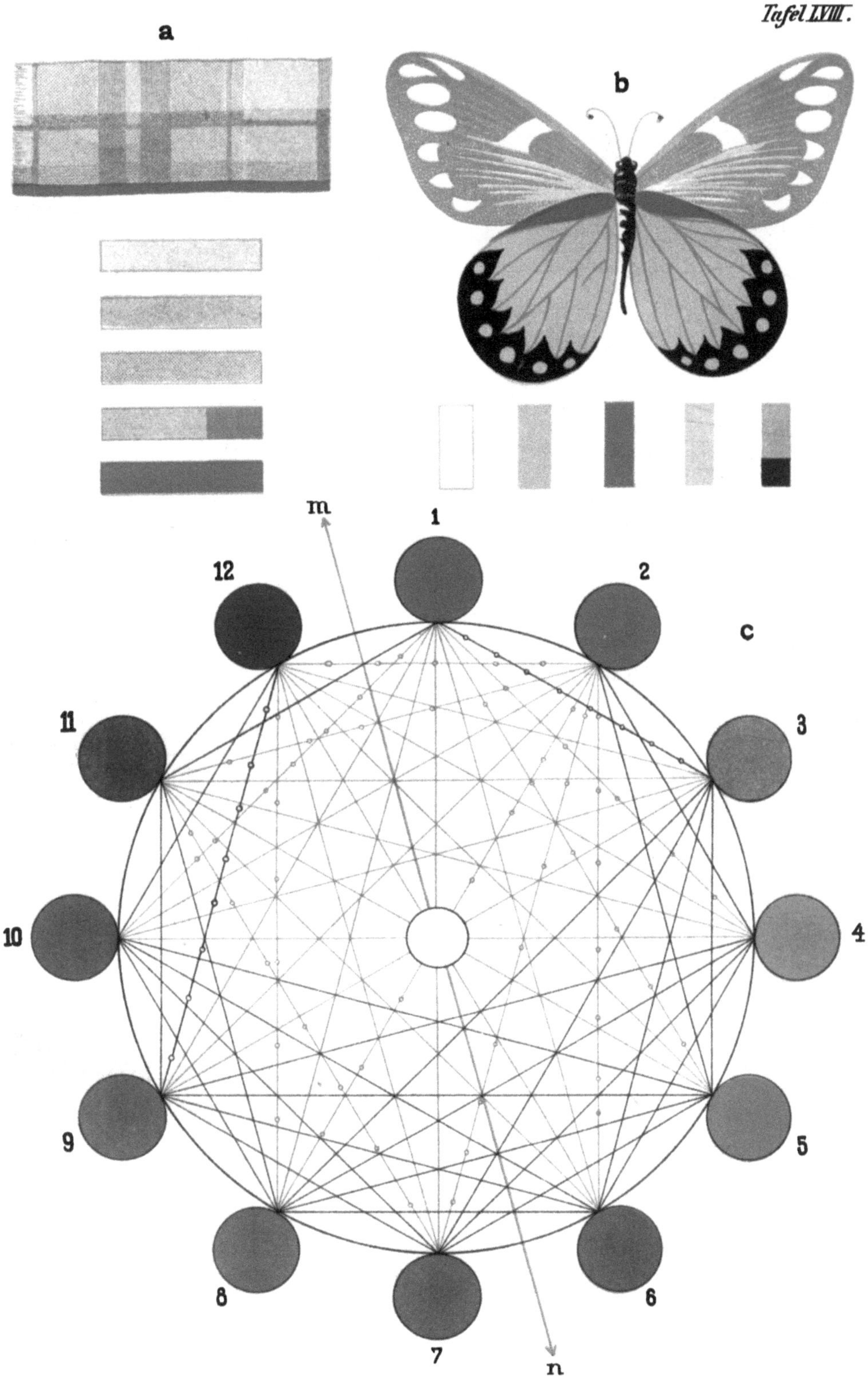

a: Analyse der Farben. b: Praktisches Beispiel von farbiger Analyse.
c: Farbenkreis.

Lichter der Pigmente fast gleichzeitig auf die Netzhaut gelangen und dort gleichsam addiert, also in ihrer Wirkung verstärkt werden, wogegen bei der Mischung in dem Röhrchen die farbigen Lichter des Gelb durch das blaue Pigment durchgehen und dabei wieder einen Teil der farbigen Lichtsorten „verlieren" mußten, so daß der „Rest der Lichter" erst die grüne Mischfarbe vorstellt.

Daher verliert die materielle Mischung zweier Farbstoffe an Helligkeit, so daß das Gemisch, z. B. der hellsten Farbe (Gelb) mit der dunkelsten (Blau), etwas dunkler ist als die hellere der beiden gemischten Farben, ein Umstand, der beim Malen besonders berücksichtigt werden muß.

Die materielle Mischung läßt sich aber noch anders erzielen. Überstreicht man auf weißem Papier ein rechteckiges Feld a b c d (Fig. 1153) mit sattem Indischgelb, nach dem Trocknen das Rechteck e f g h mit Preußischblau, so wird das mittlere Feld e b c h grün erscheinen, weil darin die blaue über die gelbe Farbe gelegt wurde. Diese Mischung heißt die Mischung durch „Lasur", d. h. durch Übereinanderlegen. Nur ist dabei der Umstand zu beobachten, daß das Ergebnis der Mischung auf dem Papiere nicht ganz dasselbe ist, wenn man Gelb über Blau, oder Blau über Gelb lasiert!

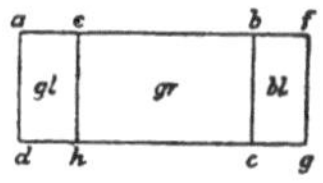

Fig. 1153.

Die Erfahrung lehrt uns, daß die z. B. in einer Schale gemischten Farben weit weniger hell und frisch erscheinen als die, welche auf dem Papier entweder übereinandergelegt oder naß in naß nebeneinandergesetzt werden. Diese Erfahrung macht sich der geübte Maler zunutze und erzielt damit prächtige Wirkungen.

Die Kenntnis der hervorragendsten Mischungen kann sich jeder Anfänger wieder durch die Ausführung von Mischungstabellen verschaffen.

Es kann nicht oft genug wiederholt werden, daß für den Anfänger fleißige Übungen im Mischen seiner zwölf Farbencharaktere des Malkastens nötig sind, damit er allgemach die Sicherheit erlange, sich aus zwei gegebenen Farben schon im voraus das Mischungsresultat — die Mischfarbe — zu versinnlichen. Die Engländer, bekannt als hervorragende Aquarellisten, haben zum Teile diesem Studium der Mischungen ihre große Technik des Farbentreffens zu verdanken. Der berühmte Aquarellist A. Penley hat die Wichtigkeit der Farbenmischungen in seinem großen Werke „The english School of painting in Water Colours" glänzend nachgewiesen.

Darum wird der Lehrer guttun, die Schüler zu verschiedenen Übungen im Farbenmischen anzuregen, indem er z. B. sagt: a) Versucht auf die in Figur 1153 angedeutete Weise folgende Mischungen:

Indischgelb mit Weiß,
„ mit Siena,
„ mit Kobalt,
„ mit Schwarz,
„ mit hellgrünem Zinnober,
„ mit Zinnoberrot,
„ mit Preußischblau und
„ mit Neutraltinte.

b) Bewahret die Mischresultate und prägt sie eurem Gedächtnis gut ein!

c) Solche Versuche könnt ihr auch mit den übrigen Farben machen, wenn ihr allmählich als Hauptfarbe statt Indischgelb z. B. Kadmium nehmt usf. Dabei ist natürlich jede schon einmal vorgekommene Mischung nicht mehr zu wiederholen. — Außerdem können spezielle Mischungstabellen auf die früher besprochene Art dargestellt werden, die z. B. den üblichen Mischfarben für das Malen des Laubwerkes entsprechen und aus Indischgelb, Kadmium, hellgr. Zinnober, Preußischblau, Siena und Sepia erzielt werden können.

Andere Mischungen können für die wichtigsten Erscheinungen der Luft, der Wolken usf. aus den entsprechenden Farben Weiß, Kadmium, Zinnober, Karmin, Neutrallinte gewonnen werden.

Wenn wir die drei primären Farben auf der Fläche eines gleichseitigen Dreiecks g r b (Fig. 1154) derart auftragen, daß jede einzelne Grundfarbe eine aus zwei Teildreiecken bestehende Raute deckt, so z. B. Indischgelb über g c d a, Karmin über r a c d und Preußischblau über b c a d, so entsteht in der Mitte ein dunkelgraues Feld a c d, auf dem alle drei Grundfarben übereinander aufgetragen worden sind. Mischt man demnach alle drei Grundfarben miteinander, so geben sie (bei gleicher Intensität und Sättigung) annähernd ein Schwarz als Resultat.

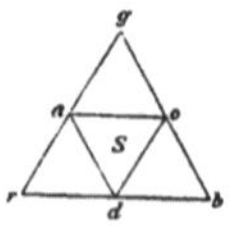

Fig. 1154.

Dieselbe oder wenigstens eine annähernd gleiche Erscheinung der Verdunkelung des Mischresultates tritt auf, wenn man je eine primäre Farbe mit der entsprechenden sekundären Farbe mischt, also:

Gelb (Indischgelb) mit Violett Rot (Karmin) mit Grün Blau (Preußischblau) mit Orange	kontrastierende Farben.

Stets wird das Ergebnis ein annäherndes Schwarz — also ein Dunkel — sein. Diese Erscheinung macht man sich beim Malen und Abschattieren einer und derselben Farbe zunutze, indem man die tiefen Schattentöne durch Mischung einer Primärfarbe mit der „kontrastierenden" Sekundärfarbe zu erzielen trachtet.

Zur Versinnlichung der Primär- und der Sekundärfarben kann man sich ein Schema folgendermaßen darstellen[1]). (Siehe Fig. 1155.)

Ein gleichseitiges Dreieck wird durch Dreiteilung jeder Seite in drei Rauten und drei Dreiecke geteilt.

Hier wird das Dreieck r 1 2 rot, g 5 6 gelb und b 3 4 blau angelegt, dann entstehen die sekundären Farben Orange, Grün und Violett.

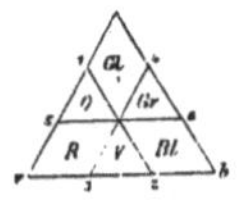

Fig. 1155.

Ein drittes Mischungsschema würde die drei primären, die drei sekundären und die drei tertiären Farben zeigen, welch letztere aus der Mischung je zweier sekundärer Farben entstehen, und zwar

Zitrin, verdunkeltes oder gebrochenes Gelb, durch Mischung von Orange und Grün,

Olive, verdunkeltes oder gebrochenes Blau, durch Mischung von Grün und Violett, und

Russet, verdunkeltes oder gebrochenes Rot, durch Mischung von Orange und Violett.

Das Zitrin enthält nämlich $\underbrace{\text{Gl} + \text{R} + \text{Bl}} + \text{Gl}$, oder Grau + Gl,

„ Olive „ „ $\underbrace{\text{Gl} + \text{Bl} + \text{R}} + \text{Bl}$, „ Grau + Bl,

„ Russet „ „ $\underbrace{\text{Gl} + \text{R} + \text{B}} + \text{R}$, „ Grau + R.

Gl.	R.	Bl.	Primäre Farben.
Orange	Violett	Grün	Sekundäre Farben.
Zitrin	Russet	Olive	Tertiäre Farben.

Fig. 1156.

[1]) Es braucht nicht erst betont zu werden, daß der Lehrer zu allen seinen Erläuterungen Schemata, im großen Maßstabe auf weißem Papiere ausgeführt, als Demonstrationsbehelfe zu benützen hat.

Die tertiären Farben sind also die drei mit Grau gebrochenen oder verdunkelten primären Farben (s. Fig. 1156).

Fast jeden Anfänger hört man klagen: „Das Mischen der Farbentöne ist so schwer.“ Das kommt daher, weil man sich nicht die Mühe nimmt, Mischungsproben und Mischungstabellen über die hervorragendsten Mischtöne zu machen und dem Gedächtnis so einzuprägen, daß man imstande ist, beim Malen den aus zwei gegebenen Farben entstehenden Mischton im voraus sich vorzustellen.

Vor allem muß der Anfänger die Mischtöne sehen lernen, dann sich üben, die Töne der Farben an den Gegenständen der Natur und an guten Bildern zu erkennen.

Um sich ein übersichtliches Bild von wichtigen Mischungen der Farben herzustellen, zeichne man auf weißem Aquarellpapier ebenso viele gleich große Rechtecke, als man Mischtöne bestimmen will, und lege nun die Farben, die zu mischen sind, in den entsprechenden Rechtecken übereinander.

Warme und kalte Farben.

Zu den „warmen“ Farbencharakteren zählen wir alle jene Farben, welche Gelbrot oder Rotgelb in größerer Menge enthalten. Der wärmste Farbencharakter ist Orange (aus Kadmium und Zinnober gemischt), der kälteste Farbencharakter dagegen das Kobalt (auch Ultramarin).

Das sind die Pole der warmen und der kalten Farben; es sind die größten Kontraste der Wärme und der Kälte.

Kontraste der Helligkeit und der Dunkelheit.

Schneidet man aus einem grauen Naturpapier zwei gleiche, etwa handgroße Stücke aus und legt das eine der beiden Stücke auf ein Blatt schwarzes, das andere auf ein weißes Unterlagpapier, so werden die beiden grauen Papierstücke verschieden hell erscheinen: das auf dem schwarzen Papier befindliche erscheint heller und das auf dem weißen Papier dunkler, als das graue Papier ursprünglich war. Diese Erscheinung beruht auf dem Kontrast oder Gegensatz zwischen Helligkeit und Dunkelheit.

Sind die handgroßen Stücke des Papiers nicht grau, sondern farbig, so ist auch hier dieselbe Erscheinung zu beobachten. Wir sehen daraus, daß ein heller Ton auf einem dunklen Grunde noch heller, ein dunkler Ton auf einem hellen Grunde noch dunkler erscheint, als er eigentlich ist. Diese Kontrasterscheinung muß beim Malen von Ornamenten und beim Malen nach Naturgegenständen wohl beachtet und ausgenützt werden; auf ihr beruhen alle vom Maler erzielbaren Wirkungen in der Beleuchtungsdarstellung des zu malenden Gegenstandes. Will man z. B. eine Stelle auf dem Bilde besonders hell erscheinen lassen, so muß man die Umgebung dieser Stelle ziemlich tief im Tone halten. — An der richtigen Abschätzung der Kontraste der Helligkeit und Dunkelheit der Töne und Farben ist beim Schattieren nach Modellen und Gegenständen stets festzuhalten, damit die Darstellung gelinge.

Subjektive Farbenkontraste.

Legt man nun auf einen Bogen dunklen oder schwarzen Papiers ein handgroßes Stück grellroten, gut beleuchteten Papiers, betrachtet dieses scharf etwa 15 Sekunden lang und bedeckt dieses grellrote Stück schnell mit einem weißen oder schwarzen Papier, so erscheint auf diesem ein ebenso großes Stück „blaßblaugrün". Diese Erscheinung heißt der physiologische Farbenkontrast. Um ihn zu erklären, muß man sich vergegenwärtigen, daß der weiße Sonnenstrahl aus siebenfarbigen Strahlen besteht. Wenn nun von diesen siebenfarbigen Strahlen einer, etwa der rote, ausgeschieden wird, so geben die übrigen sechs vereinigt einen blaugrünen Strahl als optische Kontrast- oder Ergänzungsfarbe, denn wie zu dieser letzteren Rot hinzutritt, vereinigen sich wieder die sieben Strahlen zu Weiß. Nun lehrt aber die Erfahrung, daß die physikalischen Farbenkontraste von den früher genannten physiologischen, auch subjektiven Kontrasten ein wenig abweichen.

Die Ursache des physiologischen oder subjektiven Kontrastes oder des sogenannten farbigen Nachbildes ist die, daß das Auge durch das Fixieren der grellroten Farbe für diese auf kurze Zeit unempfindlich wird und daher auf einer beleuchteten, leeren weißen oder schwarzen Fläche nur das Gemisch der übrigen farbigen Strahlen erblickt, hier also Blaugrün. Ebenso verhält es sich mit jeder anderen Farbe.

Durch Auswechslung der handgroßen Stücke von verschiedenen Farben lassen sich nach und nach auch die entsprechenden physiologischen Kontrastfarben erblicken, mit denen die Unterlage gleichsam „lasiert" erscheint. Legt man auf ein Blatt Papier von intensiver

Farbe einen schmalen weißen Papierstreifen, so erscheint dieser mit der Kontrastfarbe der intensiv-farbigen Unterlage überzogen. War diese Unterlage z. B. intensiv gelb, so wird der weiße Streifen bläulich erscheinen. Dasselbe geschieht, wenn der schmale Streifen grau oder schwarz ist. Daraus sehen wir, daß weiße, graue und schwarze Stellen auf intensiv gefärbtem Grunde nicht in ihrer ursprünglichen Reinheit, sondern mit der Kontrastfarbe des Grundes lasiert, also verändert erscheinen. — Legt man auf eine purpurfarbige Unterlage einen schmalen Streifen grasgrünen Papiers, so erscheint dieses letztere viel satter und intensiver gefärbt, als es ursprünglich war, oder als es auf einem grauen Grund erscheinen würde. Hier ist wieder der farbige Kontrast der Purpurfarbe, also Grasgrün, die Ursache, weil der grasgrüne Streifen außerdem mit der Kontrastfarbe überzogen, also verstärkt erscheint. Wir sehen daraus, daß zwei nebeneinander befindliche Farben sich gegenseitig beeinflussen: günstig, wenn sich die zwei Farben durch ihre Kontraste verstärken (wie beim Purpurpapier und grasgrünen Streifen), ungünstig, wenn die Kontrastfarbe auf der Farbe des Streifens eine Mißfärbung erzeugt (wenn sich z. B. auf dem Purpurgrunde ein Streifen von Orange befindet, der dann mit grasgrüner Lasur überzogen, daher mißfarbig erscheint).

Der Farbenkreis und seine Anwendung.

Behufs praktischer Nutzanwendung bedienen wir uns des sogenannten Farbenkreises (Tafel LVIII, Fig. c), eines Systems von Farben, welche auf einer Kreisfläche nach bestimmten Regeln aufgetragen und so angeordnet sind, daß je zwei einander diametral gegenüberliegende die physikalischen Kontrastfarben vorstellen. Die Reihenfolge der Farben ist die der optischen Lichter des Sonnenspektrums (auch Regenbogens), nur erscheint zwischen Rot und Violett der Purpur eingeschaltet. Der Farbenkreis lehrt uns eine Übersicht über die hervorragendsten Repräsentanten der Farben gewinnen und diese auch nach ihren „Kontrasten" unterscheiden. Außerdem läßt er sich in zwei Hälften (nach dem Durchmesser „mn") teilen, von denen die eine warme, die andere kalte Farben enthält. Zu den warmen gehören allerdings im strengen Sinne nur solche, die Gelbrot oder Rotgelb in größerer Menge enthalten. Bei unserem Farbenkreis ziehen wir noch als Ausläufer der warmen Farben das Grüngelb und Grasgrün, letzteres (die neutrale Grenze) und anderseits das Karmoisinrot (als neutrale Grenze) in Betracht. Die übrigen Farben (auf der zweiten Kreishälfte) sind kalte Farben. Zur eigentlichen Region der warmen Farben gehören jedoch nur: Gelborange, Orange, Gelbrot (Zinnober), zur Region der kalten: Blau, Rotblau und Violett. Repräsentanten der hellen Farben sind also: Gelb, Orange und Zinnober; Repräsentanten der dunklen Farben: Blau, Rotblau und Violett.

Außerdem teilt der Durchmesser „m n“ den Farbenkreis in die Region der hellen und der dunklen Farben, wobei jedoch das Rot (1) und Grün (7) außerhalb dieser beiden Gruppen als neutrale, indifferente Charaktere zu stellen sind. Der gegensätzliche (polare) Charakter der Farben und ihrer Erscheinungen zeigt sich nirgends auffälliger, als in der ästhetischen Wirkung der warmen und der kalten Farben; er liefert eine feste Grundlage für harmonische Zusammenstellungen der Farben.

Über Farbenharmonie und Zusammenstellung harmonischer Farbenpaare und Triaden.

Zwei oder mehrere verschiedene Farben können eine verschiedene, bald angenehme, bald unangenehme Einwirkung auf unser ästhetisches Gefühl hervorbringen. Wenn wir die Farben des Farbenkreises unserer Betrachtung zugrunde legen, so können zwei oder mehrere von ihnen je nach ihrer gegenseitigen Stellung im Kreise, je nach ihrer Helligkeit und Sättigung, je nach dem Flächenraum (Areal), der einer jeden in der Farbenverbindung zugewiesen wird, und je nach der Art des Stoffes, in welchem die Polychromie ausgeführt werden soll, mit mehr oder weniger günstiger Wirkung zusammengestellt werden.

Eine Farbenzusammenstellung wird angenehm und günstig wirken, wenn sie in uns einen hohen Grad ästhetischer Befriedigung hervorruft; sie wird dann eine harmonische genannt. Wann wird aber diese ästhetische Befriedigung eintreten? Obwohl man das hiefür allgemein gültige Gesetz noch nicht entdeckt hat, so hat uns doch die Erfahrung, gestützt auf unzählbare Beispiele mustergültiger polychromer Kunstwerke alter und neuer Zeit, gewisse Anhaltspunkte zur Feststellung bestimmter Normen dargeboten. Eine solche Norm sagt uns: „Jede Farbe duldet neben sich jede andere, welche hinsichtlich ihrer Stellung im Farbenkreise nur wenig von ihr abweicht.“ Als Beispiel nehmen wir Grasgrün und Blaugrün oder Cyanblau (helles Preußischblau) und Ultramarin oder Orange und dunkles Spektralrot (reiner Permanentkarmin); siehe Figur 1157, a, b, c. Die Verbindung zweier im Farbenkreise benachbarter Farben heißt ein kleines Intervall.

Wie man über diese Nachbarfarben hinausgeht, erhält man schon schlechtere Verbindungen, z. B. Goldgelb und Grüngelb, bis man in die Nähe der Kontraste gelangt, wo wieder bessere Verbindungen erfolgen, so z. B. Orange und Cyanblau.

Die Grenze, bis zu welcher man das Intervall reichen lassen kann, heißt „Spannweite“; sie ist für verschiedene Farben verschieden. So kann Violett neben Purpur als kleines Intervall stehen, neben Spektralrot aber nicht mehr, weil die Verbindung schon ungünstig ist. Die Erfahrung lehrt, daß kleine Intervalle günstiger wirken, bei denen Helligkeit und Dunkelheit ähnliche Kontraste bilden, wie sie in der Natur vorkommen, und bei denen auch der Kontrast zwischen Wärme und Kälte der Natur angemessen ist. Beispiele: helleres Cyanblau mit dunklerem Ultramarin, helleres Chrom (Chromgelb) mit dunklerem Orange, eventuell Braun, hellerer Zinnober mit dunklerem Karmin, eventuell schönem Indischrot.

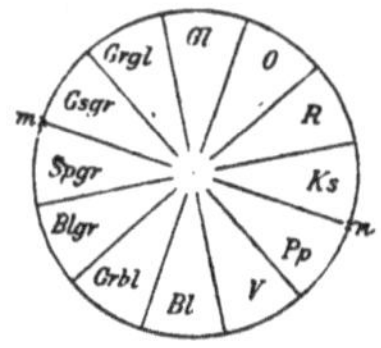

Fig. 1157.

Ein zweiter Erfahrungssatz lehrt uns, daß man im Farbenkreise nicht mehr als „drei“ Farben auswählen kann, von denen jede einzeln mit jeder anderen eine gute Verbindung gibt und dennoch mit keiner ein kleines Intervall bildet. Daraus folgt, daß man die Farben entweder a) zu zweien als Paare, oder b) zu dreien als Triaden kombinieren kann.

Zu diesen mannigfaltig kombinierbaren Verbindungen können noch Weiß, eventuell Silber, Schwarz, Grau und auch Gold in passender Weise als nebengeordnete (akzessorische) Farben hinzugefügt werden, denen dann nur ein verhältnismäßig kleines Areal eingeräumt werden darf.

Ältere Farbenlehren empfehlen als sehr wirksame und harmonische Farbenpaare die Verbindung je zweier Komplementärfarben und zwar sowohl physikalischer als auch physiologischer, weil sich die Komplementärfarben, nebeneinandergesetzt, gegenseitig verstärken. Diese Regel kann aber nach gemachten Erfahrungen nicht auf alle Komplemente ausnahmslos angewendet werden, weil manche von ihnen durch die hervorgerufene Verstärkung (physiologische Lasur mit der entsprechenden Farbe) Härten und grelle Gegensätze zeigen, wie dies an manchen roten und grünen Farben zu sehen ist. Also müssen die Komplemente mit Vorsicht und gutem Geschmack gewählt und es muß wohl beachtet werden, daß man zu einer gegebenen Farbe unendlich viele Ergänzungsfarben aufsuchen und nehmen kann, daß dieselben jedoch alle den verschiedenen Abstufungen der Helligkeit derselben Farbe angehören müssen. Es gibt ein Polarisationsinstrument, Schistoskop genannt, mittels dessen man durch Einschiebung von möglichst farblosen Gipsblättchen (von Gipskristall) eine große Reihe der schönsten Komplementärfarben hervorbringen kann. Bei Zusammenstellungen von Farbenpaaren fehlt man häufig darin, daß man die Farben überhaupt nicht richtig trifft oder in einem ungeeigneten Materiale ausführt. Bei komplementären Farbenpaaren handelt es sich nicht allein darum, die Farben im Farbenkreise aufzusuchen, sondern auch darum, ihre Helligkeit und Sättigung zu bestimmen. Gute Verbindungen zeigen in der Regel niemals beide Farben in gleicher Sättigung und Helligkeit; ist die eine hell, so ist gewöhnlich die andere dunkel, ist die eine satt, so ist es die andere nicht, ist die eine wärmer, so ist die andere kälter. Also immer eine Wirkung durch fein abgewogene Kontraste!

Zu den besten Farbenpaaren zählen wir: Purpurrot mit Grün, Karminrot mit Blaugrün, Zinnoberrot mit Cyanblau, Orange mit Ultramarin, Gelb mit Blauviolett, Gelbgrün mit Purpurviolett. Von jedem der genannten Farbenpaare ist wieder eine ganze Reihe von Paaren denkbar, welche in ihrer Helligkeit, Sättigung, Wärme und Kälte abwechseln. Weitere Beispiele von Farbenpaaren sind: Blaßrosa (Rose madder) mit dunklem Chromgrün, Braun mit Ultramarin, Braun mit Grün, und mit allen Farben verbindet sich metallisches Gold zu einem guten Farbenpaare.

Unter den unzählig vielen Triaden, die sich aus dem Farbenkreise auswählen lassen, ragen etwa sieben in ihrer Wirkung und durch ihre Brauchbarkeit hervor: 1. Rot, Ultramarin und Gelb (am besten durch metallisches Gold vertreten); 2. Zinnoberrot, Ultramarin und Goldgelb; 3. Rot, Cyanblau und Goldgelb bzw. Gold; 4. Purpurrot, Cyanblau und Goldgelb oder Gold; 5. Rot, Grün und Gelb (Gold); 6. Purpur, Grün und Goldgelb (Gold); 7. Violett, Grün und Orange.

Die vier ersten sind am wirksamsten bei Tagesbeleuchtung, die drei letzten bei künstlicher Beleuchtung. Wenn man auf einer Kreislinie die einzelnen Farben des Kreises durch Buchstaben bezeichnet, so kann man sich durch das Ziehen der Sehnen im Kreise ein übersichtliches Bild der günstigeren, der weniger günstigen und der schlechten Verbindungen herstellen, wie es die Tafel LVIII zeigt.

Die Sehnen bezeichnen die einzelnen miteinander verbundenen Farben, und zwar ersieht man aus der Färbung dieser gezogenen Sehnen, ob die Verbindung eine gute oder schlechte ist, wenn man sich merkt, daß die Linien

———————	sehr gute und gute	Verbindungen bezeichnen.
— — — — —	mäßig gute	
—·—·—	ziemlich ungünstige	
———————	entschieden schlechte	

Auch bei Zusammenstellungen von harmonischen Triaden können nebengeordnete (akzessorische) Farben in die polychrome Darstellung, natürlich auf beschränkten Arealen, aufgenommen werden; also Weiß, Schwarz, Silber, Gold und andere Farben. Das Gold bessert jede Farbenverbindung, nur kommt es darauf an, wie man es verwendet, um die größte Wirkung zu erzielen. Sonach lassen sich selbst komplizierte Farbenkompositionen stets auf Triaden zurückführen, wenn die anderen Farben als akzessorische betrachtet werden.

Wer Farbensinn besitzt, wird in den aufgestellten Erfahrungssätzen einen sicheren Halt und in mancher Hinsicht eine Bestätigung seines instinktiven Gefühls finden; wem er aber mangelt, den bewahrt die Farbenlehre wenigstens vor groben Verstößen.

Der Anfänger sollte recht viele mustergültige polychrome Dekorationen der Vergangenheit und Gegenwart genauer betrachten, namentlich die farbenprächtigen Dekorationen des Orients! Als Makart von seinen Schülern gefragt wurde, wie und wo sie die Farbenharmonie studieren sollten, gab ihnen der berühmte Kolorist zur Antwort: „Studieren Sie gute orientalische Teppiche, denn in diesen ist schon die schönste, praktische Farbenharmonie enthalten.“ Auch Gemälde und alle Werke, wo die Polychromie maßgebend ist, soll der Schüler „sehen“ lernen. So sind die polychromen Ornamente der alten Ägypter, der Islamiten in Ägypten, Persien, Indien und Spanien u. a. unvergängliche Beispiele prächtiger Farbenkompositionen. Aber auch die Natur bietet uns in Hülle und Fülle wunderbare Beispiele polychromer, harmonischer Erscheinungen an den verschiedenen farbigen Blättern des Herbstes, an den polychromen Blattpflanzen des Treibhauses, an den zahlreichen Blumen und insbesondere an den Flügeln der einheimischen und exotischen Schmetterlinge und der Vögel.

Am mächtigsten ist der harmonische Eindruck, den ein Abendhimmel mit seiner glänzenden Pracht und seinen Wolken auf unser Auge ausübt —

die Natur ist auch für das Studium harmonischer Erscheinungen und der herrlichsten Farbencharaktere eine unerschöpfliche Quelle!

Wann ist nun eine Komposition in Farben schlecht oder ungünstig? Wenn sie a) zu grell und zu hart, b) wenn sie unvollständig ist, d. h. nicht für sich allein bestehen kann, weil die Ergänzung zu Weiß mangelhaft ist, c) wenn sie solche Farben enthält, welche einander durch den schädlichen Kontrast ungünstig beeinflussen (disharmonische Farben), d) wenn sie zu matt oder zu düster ist, und e) wenn die einzelnen sonst gut gewählten Farben hinsichtlich ihrer Reihenfolge und des ihnen zugewiesenen Flächenraums nicht im gehörigen Verhältnis stehen. In einer Verbindung setze man daher nur solche Farben unmittelbar nebeneinander, die am besten miteinander zusammenstimmen.

Was zum Schlusse die ornamentalen Farbenkompositionen betrifft, so sollen sich im allgemeinen die einzelnen Farben eines polychromen, insbesondere eines flachen Ornaments nicht unmittelbar berühren, sondern es ist zur Vermeidung des an der Grenze je zweier Farben auftretenden physiologischen Kontrastes ein deutlicher, beide Farben trennender Umriß notwendig. Er kann weiß, schwarz, in Gold oder einer anderen passenden Farbe und in verschiedener Stärke ausgeführt werden.

Wenn es gelingt, ein natürliches System der Farben aufzustellen, in welchem die einzelnen Pigmente, z. B. Aquarellfarben, nach wissenschaftlich genauen Bestimmungen eingereiht erscheinen und nach physiologischen Komplementen gegenübergestellt werden, erst dann wird die Farbenlehre einen praktischen Boden gewinnen. Es ist zwar schon dem Praktiker Guido Schreiber gelungen, für einige Wasserfarben deren Komplemente zu bestimmen, wie z. B. für Zinnober — Meergrün, für gebrannte Siena — Hellblau, für Dunkelchromgelb — Ultramarin, für grünen Zinnober — Karmoisinrot, für Grasgrün — Karmin usf., doch was nützen alle diese Bestimmungen, wenn wir keine Normalwasserfarben haben, die, fabriziert, immer dieselben bleiben, so daß z. B. Zinnober, aus welcher Fabrik man ihn auch beziehe, stets genau derselbe wäre? Gegenwärtig kann nicht einmal die erste Firma dafür gut stehen, daß sie heute und morgen und nach Jahren genau dieselben Farben zu erzeugen vermag. Sonach muß eben, wie bisher, der Farbenkreis den Betrachtungen als Grundlage dienen.

Bezugsquellen-Verzeichnis.

Aldebaran-Bleistifte, 6eckig, gelbpoliert, in 16 Härtegraden, aufs feinste abgestuft, dutzendweise verpackt, für alle Zeichenzwecke hervorragend geeignet (hergestellt von der Schwan-Bleistift-Fabrik).

Aldebaran-Tintenstifte von besonderer Kopierfähigkeit, werden vielfach auch von Architekten für Pläne u. dgl., die kopiert werden sollen, verwendet (hergestellt von der Schwan-Bleistift-Fabrik).

Aquarellfarben: Günther Wagner in Hannover und Wien, Spezialität: Marke Pelikan; vorrätig in allen besseren Zeichen- und Malutensilien-Handlungen.

Bleistifte in hervorragender Qualität, zu 10, 15 und 25 Pf. das Stück, liefert die Schwan-Bleistift-Fabrik (Schwanhäuser vorm. Großberger & Kurz), Nürnberg.

Farbstifte für Bureau- und Kontorbedarf, besonders farbige Ölkreidestifte für Techniker, Offiziere und Landmesser, in anerkannt vorzüglicher Qualität liefert die Schwan-Bleistift-Fabrik (Schwanhäuser vorm. Großberger & Kurz), Nürnberg.

Kunstmaterialien: H. Wendlers Künstlerhaus u. Lehrmittelanstalt G. m. b. H., Berlin W. 66, Wilhelmstraße 48.

Lehrmittel f. d. neuzeitlichen Zeichenunterricht: H. Wendlers Künstlerhaus u. Lehrmittelanstalt G. m. b. H., Berlin W. 66, Wilhelmstraße 48.

Materialien f. d. neuzeitlichen Zeichenunterricht: H. Wendlers Künstlerhaus u. Lehrmittelanstalt G. m. b. H., Berlin W. 66, Wilhelmstraße 48.

Reißzeuge: C. Riefler, Nesselwang und München: Präzisions-Reißzeuge (Rundsystem).

Tuschen, flüssige: Günther Wagner in Hannover und Wien, Spezialitäten: flüssige Perltusche, flüssige chinesische Tusche und flüssige Pelikan-Ausziehtusche; vorrätig in allen besseren Zeichen- und Schreibwaren-Geschäften.

Zeichenmaterialien: H. Wendlers Künstlerhaus und Lehrmittelanstalt G. m. b. H., Berlin W. 66, Wilhelmstraße 48.

Zeichenpapiere: H. Wendlers Künstlerhaus u. Lehrmittelanstalt G.m.b.H., Berlin W. 66, Wilhelmstraße 48.

Zeichen- und Malutensilien: Günther Wagner in Hannover und Wien; vorrätig in allen besseren Mal- u. Zeichenutensilien-Handlungen.

FSC
www.fsc.org
MIX
Papier | Fördert gute Waldnutzung
FSC® C083411

Kolibri 360 GmbH
Ferdinand-Jühlke-Straße 7
99095 Erfurt, Deutschland
produktsicherheit@kolibri360.de